U0181875

上海市工程建设规范

既有建筑外立面整治设计标准

Standards for existing building facades renovation design

DG/TJ 08—2367—2021
J 15833—2021

主编单位：上海市房地产科学研究院
　　　　　上海市工程建设质量管理协会
批准部门：上海市住房和城乡建设管理委员会
施行日期：2021 年 11 月 1 日

同济大学出版社

2021　上海

图书在版编目(CIP)数据

既有建筑外立面整治设计标准 / 上海市房地产科学研究院,上海市工程建设质量管理协会主编. —上海：同济大学出版社,2021.11

ISBN 978-7-5608-9934-3

Ⅰ.①既… Ⅱ.①上… ②上… Ⅲ.①建筑设计—技术标准—上海 Ⅳ.①TU2-65

中国版本图书馆 CIP 数据核字(2021)第 203995 号

既有建筑外立面整治设计标准

上海市房地产科学研究院
上海市工程建设质量管理协会 　主编

策划编辑　张平官
责任编辑　朱　勇
责任校对　徐春莲
封面设计　陈益平

出版发行　同济大学出版社　　www.tongjipress.com.cn
　　　　　(地址:上海市四平路 1239 号　邮编：200092　电话:021－65985622)
经　　销　全国各地新华书店
印　　刷　浦江求真印务有限公司
开　　本　889mm×1194mm　1/32
印　　张　2.125
字　　数　57 000
版　　次　2021 年 11 月第 1 版　　2021 年 11 月第 1 次印刷
书　　号　ISBN 978-7-5608-9934-3
定　　价　25.00 元

上海市住房和城乡建设管理委员会文件

沪建标定〔2021〕335 号

上海市住房和城乡建设管理委员会
关于批准《既有建筑外立面整治设计标准》
为上海市工程建设规范的通知

各有关单位：

由上海市房地产科学研究院、上海市工程建设质量管理协会主编的《既有建筑外立面整治设计标准》，经我委审核，现批准为上海市工程建设规范，统一编号为 DG/TJ 08—2367—2021，自 2021 年 11 月 1 日起实施。原《既有建筑外立面整治设计规范》DG/TJ 08—2146—2014、《建筑外立面附加设施设置安全技术规程》DG/TJ 08—2003—2006 同时废止。

本规范由上海市住房和城乡建设管理委员会负责管理，上海市房地产科学研究院负责解释。

特此通知。

上海市住房和城乡建设管理委员会
二〇二一年五月三十一日

前　言

根据上海市住房和城乡建设管理委员会《关于印发〈2019 年上海市工程建设规范、建筑标准设计编制计划〉的通知》(沪建标定〔2018〕753 号)要求,由上海市房地产科学研究院、上海市工程建设质量管理协会会同有关单位深入调研、认真总结实践经验,在《既有建筑外立面整治设计规范》DG/TJ 08—2146—2014 和《建筑外立面附加设施设置安全技术规程》DGTJ 08—2003—2006 基础上,经广泛征求意见,进行了标准修订。

本标准的主要内容包括:总则;术语;基本规定;建筑外立面分级整治设计;建筑外立面整治色彩设计;建筑外立面附加设施整治设计;材料。

本次修订的主要内容包括:

1. 吸纳了《建筑外立面附加设施设置安全技术规程》DG/TJ 08—2003—2006 中有关建筑外立面附加设施设计、材料方面的要求。

2. 补充近年来上海市建筑外立面整治工程中出现的新技术、新工艺。

3. 优化了建筑外立面分级整治的划分标准。

4. 补充完善了空调外机支架的检查、整治要求。

5. 更新了户外广告设施、户外招牌设计要求。

6. 根据本市目前的工程实际情况,调整了部分规定及指标。

各单位及相关人员在执行本标准过程中,如有意见和建议,请反馈至上海市房屋管理局(地址:上海市世博村路 300 号;邮编:200125),上海市绿化和市容管理局(地址:上海市胶州路 768 号;邮编:200040;E-mail:kjxxc@lhsr.sh.gov.cn),上海市房地产科学研究院（地址：上海市复兴西路 193 号；邮编：200031；
E-mail：fkyfgs193@163.com），上海市建筑建材业市场管理总站
（地址：上海市小木桥路 683 号；邮编：200032；E-mail：shgcbz@
163.com），以供今后修订时参考。

主 编 单 位：上海市房地产科学研究院
　　　　　　上海市工程建设质量管理协会
参 编 单 位：上海市绿化和市容管理局
　　　　　　上海建设结构安全检测有限公司
　　　　　　上海房科建筑设计有限公司
　　　　　　同济大学
　　　　　　上海市住宅修缮工程质量事务中心
　　　　　　上海同济工程项目管理咨询有限公司
　　　　　　申都设计集团有限公司
　　　　　　上海安岩设计咨询有限公司
　　　　　　上海明日家居用品有限公司
　　　　　　上海交电家电商业行业协会
　　　　　　上海三菱电机上菱空调机电器有限公司
主要起草人：王金强　杜　梅　刘群星　陈寅胜　陈一军
　　　　　　张　习　陈兆林　潘　翔　林　华　王　亮
　　　　　　沈之容　刘圣凯　薛少伟　孙松洋　刘学科
　　　　　　殷惠君　陶　祎　朱　旻　陆　岳　李建元
　　　　　　程　勇　王云捷　韩建华　周　成　周家伟
　　　　　　邹长征
主要审查人：林　驹　许一凡　陈立民　宗丹恒　陈中伟
　　　　　　潘增权　黄　伟

上海市建筑建材业市场管理总站

目 次

1 总 则 ……………………………………………… 1

2 术 语 ……………………………………………… 2

3 基本规定 …………………………………………… 4

4 建筑外立面分级整治设计 ………………………… 5

   4.1 一般规定 …………………………………… 5

   4.2 外立面三级整治设计 ……………………… 6

   4.3 外立面二级整治设计 ……………………… 8

   4.4 外立面一级整治设计 ……………………… 9

5 建筑外立面整治色彩设计 ………………………… 12

   5.1 一般规定 …………………………………… 12

   5.2 居住建筑外立面色彩设计 ………………… 13

   5.3 公共建筑外立面色彩设计 ………………… 13

6 建筑外立面附加设施整治设计 …………………… 14

   6.1 一般规定 …………………………………… 14

   6.2 空调外机相关设施 ………………………… 15

   6.3 折叠式遮阳篷 ……………………………… 17

   6.4 雨篷 ………………………………………… 18

   6.5 推拉晾衣架 ………………………………… 19

   6.6 户外广告设施 ……………………………… 20

   6.7 户外招牌 …………………………………… 20

   6.8 窗台花架 …………………………………… 21

7 材 料 ……………………………………………… 22

   7.1 一般规定 …………………………………… 22

   7.2 清洗材料 …………………………………… 22

7.3 涂饰材料 ……………………………………… 23

7.4 结构材料 ……………………………………… 24

7.5 连接件材料 …………………………………… 24

7.6 其他材料 ……………………………………… 25

本标准用词说明 …………………………………… 26

引用标准名录 ……………………………………… 27

条文说明 …………………………………………… 29

Contents

1 General provisions ·· 1

2 Terms ··· 2

3 Basic regulations ··· 4

4 Building facades classification renovation design ·········· 5

   4.1 General regulations ······································ 5

   4.2 Facades third-level renovation design ··············· 6

   4.3 Facades second-level renovation design ············· 8

   4.4 Facades first-level renovation design ··············· 9

5 Building facades renovation color design ················· 12

   5.1 General regulations ····································· 12

   5.2 Residential building requirements ·················· 13

   5.3 Public building requirements ······················· 13

6 Building facades additional facilities renovation design ······ 14

   6.1 General regulations ····································· 14

   6.2 Air conditioner relevant facilities ················· 15

   6.3 Folding sunshades ····································· 17

   6.4 Awnings ·· 18

   6.5 Drying racks ··· 19

   6.6 Outdoor advertising facilities ····················· 20

   6.7 Shop signs ··· 20

   6.8 Windowsill flower racks ····························· 21

7 Material selection ··· 22

   7.1 General regulations ····································· 22

   7.2 Cleaning materials ····································· 22

7.3 Coating materials ·· 23

7.4 Structural materials ··· 24

7.5 Connector materials ··· 24

7.6 Other materials ··· 25

Explanation of wording in this standard ······················ 26

List of quoted standards ··· 27

Explanation of provisions ·· 29

1 总　则

1.0.1　为了在既有建筑外立面整治设计中贯彻国家和本市技术经济政策，做到安全、适用、经济、美观，保证设计效果与工程质量，保障相关人员人身健康和财产安全，维护公共利益，制定本标准。

1.0.2　本标准适用于本市行政区划范围内的既有建筑外立面整治设计，不包括超高层建筑、优秀历史建筑和文物建筑。

1.0.3　既有建筑外立面整治设计除应符合本标准外，尚应符合国家、行业和本市现行有关标准的规定。

2 术 语

2.0.1 外立面整治 facades renovation

对建筑外立面的清洗、涂饰、修复、装饰,外立面附加设施、附属设施的加固、屋面修复,以及景观照明等一系列的统一协调整新治理工作。

2.0.2 后续整治周期 subsequent renovation period

对建筑外立面整治后,继续使用约定的一个整治周期,在此时期内,建筑外立面不需要重新进行整治,能够保证预定的使用功能。

2.0.3 建筑外立面附属设施 building facades affiliated facilities

依附于建筑主体,为完善建筑功能而在建筑外立面设置的一些设施设备,包括安防设备、照明设备、监控设备、通信设备、给排水设备等。

2.0.4 建筑外立面附加设施 building facades additional facilities

房屋竣工交付使用后,在房屋建筑外立面所设置的房屋附加设施。本标准特指空调外机支架、折叠式遮阳篷、雨篷、晾衣架、户外广告设施、户外招牌、窗台花架等。

2.0.5 空调外机支架 rack of outdoor unit of air-conditioner

一种能使空调外机可靠地固定在安装面上的金属支架。

2.0.6 空调外机承台板 shelf of outdoor unit of air-conditioner

指设置在建筑外立面上,用于固定空调外机的安装座板。

2.0.7 推拉晾衣架 stainless steel push-and-pull clothes horse

一种用来支撑晾衣杆件,并可靠地固定在安装面上,可进行收纳和展开的支架。

2.0.8 窗台花架 flower shelf on windowsill

一种能搁置花盆,并可靠地固定在安装面上的空腹金属构架。

2.0.9 雨篷 canopy

一种以装饰不锈钢管和轻质耐力板(PC)、彩钢板及其他适用材料所构成的篷架,用于遮挡雨水,并能可靠地固定在建筑物上的悬挑构件。

2.0.10 折叠式遮阳篷 window awning

一种以装饰不锈钢管或碳素结构钢为骨架,表面铺以帆布或尼龙布等面料所构成的折叠式篷架,用于遮阳,并可靠地固定在建筑物窗、门洞上方的金属构架。

2.0.11 安装面 installing surface

支撑和固定附加设施设置的受力面,本标准特指建筑物的外墙立面和屋面。

2.0.12 墙面色 wall color

指建筑外墙立面的主要色彩,包括主调色和辅调色。

2.0.13 主调色 main color

建筑外墙立面中确定建筑立面色彩基调的、占主导地位的色彩。

2.0.14 辅调色 secondary color

建筑外墙立面中通常使用在建筑物底部、阳台等部位的、占次要地位的色彩。

2.0.15 屋面色 roof color

建筑屋面(第五立面)的主要色彩。

2.0.16 点缀色 decorative color

建筑外立面中使用部位较为灵活的、小面积使用的色彩。

3 基本规定

3.0.1 应遵循以人为本、安全经济、美观实用、节能环保、突出地方特色的原则。

3.0.2 外立面整治设计前,设计人员应对既有建筑外立面及附属设施进行查勘,必要时应要求委托方对建筑外立面进行专业检测,出具检测报告,设计人员根据报告进行相应的整治设计。

3.0.3 应充分全面地考虑整治工程材料、施工过程、后期维护使用等各方面的安全因素,确保居民、施工人员及相关人员的人身和财产安全。

3.0.4 应注重整治工程与周边环境、相邻房屋的整体协调,包括立面色彩、建筑风格、材料材质方面的过渡、衔接、平衡。

3.0.5 应明确整治工程后的效果年限。

3.0.6 应保留、优化原建筑功能,并防止对结构构件的损伤。

3.0.7 应及时收集、整理整治工程各环节的资料,建立、健全项目档案,相关档案资料应妥善保管。

4 建筑外立面分级整治设计

4.1 一般规定

4.1.1 建筑外立面整治应保证城市建筑外观的整体和谐感,整治措施与整治效果应协调、统一。

4.1.2 建筑外立面整治中,应根据国家和地方法律法规、规章、技术标准、委托方的要求和现场实际情况,确定外立面整治内容,明确整治级别。

4.1.3 建筑外立面整治设计中,应充分考虑整治工作中的房屋结构安全、施工安全、消防安全以及既有建筑特殊性等因素,保障周边居民和施工人员的人身和财产安全。

4.1.4 根据建筑物外立面整治的不同强度,建筑外立面整治分为一级整治、二级整治和三级整治三个级别。

表 4.1.4 建筑外立面整治级别

整治级别	整治内容
外立面三级整治	对存在明显损坏、污痕或色彩不协调的建筑外立面进行的修补、清洗、涂饰
外立面二级整治	除包括外立面三级整治的基本整治内容外,还包括对空调外机支架、遮阳篷、雨篷、推拉晾衣架、户外广告设施、户外招牌、窗台花架等建筑外立面附加设施进行整治
外立面一级整治	除包括外立面二级的基本整治内容外,还包括对外立面的门框、窗框、门窗洞口、外立面附属设施等进行整治,提升建筑外立面风貌

4.1.5 建筑外立面各级整治设计应明确后续整治周期,后续整治

周期不应低于5年。

4.1.6 建筑外立面整治前,应全面检查建筑外立面及其附属设施、附加设施,对安全和质量等方面存在的问题进行处理。

4.1.7 建筑外立面整治中,应对建筑墙体保温层、防水层做好保护措施,如在整治工程中破坏墙体保温层、防水层及墙体结构构造,应予以修复。

4.2 外立面三级整治设计

4.2.1 当饰面存在下列情况时,应先按以下要求进行处理,经检查合格后,方可进行清洗、涂饰维护作业:

    1 当饰面出现风化、酥松、空鼓、开裂或剥落等现象时,应进行修补、加固或更换,并作记录。

    2 当饰面有废弃附着物时,应予以清除。

    3 当饰面存在渗水现象时,应进行防水抗渗处理。

4.2.2 建筑外立面修补或加固饰面时,采用的材料宜与原有材料类同,并应确保新旧材料的可靠结合。

4.2.3 设计中应明确在建筑外立面清洗和涂饰过程中不应对环境造成二次污染,现场空气粉尘应满足现行国家标准《大气污染物综合排放标准》GB 16297的要求。

4.2.4 设计中应明确建筑外立面清洗和涂饰作业不得造成废水污染,冲洗的废水应排入就近污水管道,且应满足现行国家标准《污水综合排放标准》GB 8978的要求。

4.2.5 凡采用清洗方式即可达到要求的,宜采用外立面清洗的整治方案;仅采用清洗方式无法达到要求的,可进行外立面涂饰。

4.2.6 外立面清洗设计应符合以下要求:

    1 设计中采用的清洗工艺以及施工单位在操作过程中不得对建筑物的外立面和内部结构造成损坏,同时应对清洗残液进行稀释、收集和处理。

2 设计中应根据建筑物外墙材质合理选用清洗剂,严禁使用强腐蚀性清洗剂;清洗剂除应满足现行行业标准《建筑外墙清洗维护技术规程》JGJ 168 相关条文的要求,还应符合国家和本市其他产品质量标准的相关规定及环境保护要求。

3 设计中应注意维护建筑物外立面清洁效果,根据不同材质确定清洗周期。

4.2.7 外立面涂饰设计应符合以下要求:

1 外立面涂饰施工工艺应严格按照国家现行相关标准的规定执行,并参照生产厂家使用说明书进行操作。

2 建筑物外墙涂饰使用的建筑涂料和装饰、装修材料,应符合国家和本市产品质量标准的相关规定和环境保护要求。

3 对外立面各类附属设施进行涂饰,宜选用与建筑外墙主调色相同或相协调的色彩。

4 外立面涂饰材料应涂饰平整光洁、颜色一致,各层涂饰材料必须结合牢固。

5 外立面涂饰应严格保证工程质量,在后续整治周期内不得出现明显变色、褪色、风化、酥松、空鼓、开裂或剥落等现象。

4.2.8 当外立面为涂料时,设计应明确以下要求:

1 外立面仅存在污染时,可将原涂料层刮削、打磨后,重新涂饰,确保颜色接近和协调;外立面存在裂缝、空鼓、脱落等损坏现象时,应对基层和面层处理后,再进行抹灰修补和后续涂饰。

2 修补应确保表面平整,颜色应协调。

4.2.9 当外立面为抹灰、清水混凝土时,设计应明确以下要求:

1 施工前应对外立面进行全面检查,进行相关的缺陷修补。

2 外立面出现风化、酥松、空鼓、开裂或剥落等损坏现象,应确保新旧抹灰接槎牢固,抹灰面平整、颜色协调。清水混凝土外墙修补应确保材料的粘结力,避免开裂、脱落,修补应尺寸准确、阴阳角顺直、表面平整。

4.2.10 当外立面饰面材料为马赛克、墙面砖时,设计应明确以下要求：

    1 当采取清洗方法时，应凿除空鼓、起壳部位的马赛克、墙面砖等面层，修复存在空鼓、起壳的基层，重新粘贴马赛克、墙面砖后，再进行清洗。

    2 当采取涂饰方法时，应凿除空鼓、起壳部位的马赛克、墙面砖等面层和空鼓、起壳的基层，进行修补后，整体采用马赛克、墙面砖表面处理材料进行处理后，再进行涂饰。当条件允许时，可全部凿除贴面层，再进行涂饰。

4.2.11 当外立面饰面为水刷石、斩假石、清水墙时，设计应明确以下要求：

    1 施工前应对外立面进行全面检查，进行相关的缺陷修补。

    2 控制原材料的选择，确保修补后的外立面整体协调。

4.2.12 当外立面为建筑幕墙时，设计应符合现行上海市工程建设规范《既有建筑幕墙维修工程技术规程》DG/TJ 08—2147 的要求。

4.3 外立面二级整治设计

4.3.1 外立面二级整治设计应满足外立面三级整治设计的要求。

4.3.2 外立面二级整治应对建筑外立面附加设施进行全面检修和维护，确保安全，注重外观协调。

4.3.3 外立面附加设施的整治设计应满足以下要求：

    1 整治设计应结合立面造型，进行统一的规划设计和安装，设置位置应统一协调、排列整齐有序。

    2 附加设施设计形式应统一、风格应相似，应采用与外立面主色调相协调的色彩。

    3 建筑沿街立面宜统一增设空调外机承台板，其他建筑在有条件的情况下，宜统一增设空调外机承台板和空调外机遮挡构件。

4 同一立面及相邻立面的户外广告设施与户外招牌应相互协调。

4.3.4 外立面细部的整治设计应满足以下要求：

1 各类外露管线宜设置遮挡，或涂饰与所依附墙面相同色彩的涂料。

2 厨房、卫生间排气孔应增设护套，并涂饰与所依附墙面相同色彩的涂料。

3 除风貌保护区有特定要求外，沿街不得新建实体围墙，现有实体围墙在整治中宜改造为透景式围墙，无条件改造的实体围墙可采用垂直绿化等方式进行美化；围墙的材料、色彩应与主体建筑相协调。

4.4 外立面一级整治设计

4.4.1 外立面一级整治设计应满足外立面三级整治和外立面二级整治的设计要求。

4.4.2 应事先确定外立面相关部位房屋结构安全；当无法确定房屋结构的安全性时，应要求委托单位聘请有资质的专业单位对房屋结构进行检测鉴定，出具房屋结构安全性鉴定报告和加固建议，设计人员根据鉴定报告和加固建议进行结构加固设计和后续外立面整治设计。

4.4.3 应采用经济、适用、环保的设计改造方案。

4.4.4 设计应符合以下要求：

1 除存在严重功能缺陷外，不得减少或增加建筑立面上的门、窗洞口，一般不得改变门、窗的位置。

2 除建筑细部装饰外，不应使用各类马赛克、墙面砖等饰面材料。

3 不宜添加悬挑型的构(架)件。

4 各类附属设施整治应统一设计，应牢固、美观、简洁、实用,其形式、色彩应与建筑整体相协调。

    5 户外强电线、弱电线不得裸露,宜加装套管,并设于立面隐蔽处。

    6 建筑物屋顶功能设施(水箱、冷却塔等)应安全、经济、实用,并宜进行美化装饰,与建筑整体相协调。

4.4.5 外立面门窗的整治设计应满足以下要求:

    1 应与建筑主体结构可靠连接,固定节点应满足在风荷载和地震作用下的承载力要求。

    2 同一建筑新做外立面门窗形式、材料、色彩应统一协调。

    3 建筑沿街面已有外立面门窗形式、材料、色彩不协调的,应涂饰或更换,色彩应整体协调。

4.4.6 屋顶的整治设计应满足以下要求:

    1 不得堆放杂物,对现有堆放杂物应妥善协调后清理移除。

    2 建筑屋顶各类固定功能设施,应采取措施确保维护工作的安全。

    3 纳入修缮计划的多层平屋顶住宅建筑宜改造为坡屋顶,并应符合现行上海市工程建设规范《多层住宅平屋面改坡屋面工程技术规程》DG/TJ 08—023 的相关规定;其他各类平屋顶建筑,在有条件的情况下,可因地制宜地采取各类措施进行屋顶美化。

4.4.7 给排水管道整治设计应符合以下要求:

    1 给水管道、排水管道不宜外露。

    2 对锈蚀、堵塞、不满足现行标准规定要求的、超期服役的给排水管道,应进行拆换处理。

4.4.8 建筑外立面照明设施的整治设计应符合现行上海市地方标准《城市环境(装饰)照明规范》DB 31/T 316 的要求;当采用泛光照明时,设计还应符合以下要求:

    1 建筑物外观照明的规划、设计应有重点,单体设计应有整体观念,光的强弱和光色应与周围环境及参照物在环境中的地位相协调,不得因突出个别建筑物而破坏整体,并应掌握泛光照明的规模、泛光照明的对象与周围环境及观赏范围之间的尺度关系。

2　建筑外观照明的灯光投射方向和采用的灯具应防止产生眩光,尽量减少外溢光、杂散光。

3　所有灯具和附属设备应妥善隐蔽并防止损坏,同时,应考虑夜间的照明效果和白天的外观效果。

4　各类照明设施宜采用太阳能等环保能源,并采用效率较高的光源和灯具。

5 建筑外立面整治色彩设计

5.1 一般规定

5.1.1 在外立面色彩整治设计中,应在保持城市色彩整体特征的前提下,进行整治设计;既有建筑外立面整治一般应保持原建筑物的色彩,不宜主观刻意改变;需重新选色的建筑,其色彩依据本标准中的色彩设计要求执行。

5.1.2 色彩整治设计应以消除色彩污染为基本目的,使色彩与周边建筑整体环境协调。

5.1.3 区域色彩特征较明显的地区,建筑色彩整治应保持与强化该区域特色。

5.1.4 在保证材料和工艺质量的基础上,色彩选择宜平稳、不宜过多、反差不宜过大。

5.1.5 色彩总谱由墙面色、屋顶色和点缀色三个体系组成。不同色彩体系在建筑上的使用部位参见表5.1.5。

表 5.1.5　不同色彩体系在建筑上的使用部位

色谱体系	使用部位		说明
墙面色	外墙	主调色	建筑外墙中占主导地位的色彩,确定建筑立面色彩基调
		辅调色	建筑外墙中占次要地位的色彩,通常用在建筑物底部、阳台等部位
屋顶色	坡屋顶屋瓦		建筑第五立面中占主导地位的色彩
点缀色	檐口部位、门窗、门框、梁、柱、窗台、阳台		建筑立面中小面积使用的色彩,使用部位较为灵活

5.1.6 主调色在色彩分布中宜控制在 75%左右,辅调色宜控制在 20%左右,点缀色宜控制在 5%以内。

5.1.7 不同色彩的搭配应注意对比效果的控制。主调色与辅调色之间、墙面色与屋顶色之间应减少色彩对比,以相近色搭配为主;点缀色可适当增加与其他色彩的对比。

5.1.8 当周边建筑主导色彩与本标准色谱要求中色彩存在较大偏差时,整治的建筑色彩在色相上应与周边建筑主导色一致,明度和彩度上应与周边建筑协调。

5.2 居住建筑外立面色彩设计

5.2.1 居住建筑墙面色宜以中高明度、中低彩度的暖色系为主;当周边色彩环境主要为冷色时,宜以中间色或中性色为主。墙面主调色与辅调色应为相同或相近色系,明度不宜差别过大。

5.2.2 居住建筑坡屋顶屋瓦色应选择与墙面主调色相同色系,宜以中低明度、中低彩度的暖色系、中间色系或中低明度的中性色系为主。

5.2.3 居住建筑点缀色的色相、明度及彩度可有较大范围选择。

5.3 公共建筑外立面色彩设计

5.3.1 公共建筑墙面色宜以中高明度、中低彩度色彩为主,应根据建筑使用功能和周边色彩环境选择适当色相。墙面主调色与辅调色应为相同或相近色系,明度不宜差别过大。

5.3.2 公共建筑坡屋顶屋瓦色应选择与墙面主调色相同或相近色系,宜以中低明度、中低彩度的冷色系、中间色系或中低明度的中性色系为主。

5.3.3 公共建筑点缀色的色相、明度及彩度可有较大范围选择。

5.3.4 商业建筑及沿街重要建筑的改造色彩的选择,应综合考虑反光性建筑材料的使用比例及反射环境色的综合效果。

6 建筑外立面附加设施整治设计

6.1 一般规定

6.1.1 外立面附加设施整治设计前应对已安装的附加设施进行安全检查,设计人员应根据检查情况进行相应的整治设计。建筑外立面附加设施的设置应牢固可靠、实用美观,结构安全应符合现行相关标准要求,并应按照城市公共安全、市容环境管理和《上海市住宅物业管理规定》的有关规定执行。

6.1.2 建筑外立面附加设施应安装在受力可靠的安装面上。安装面必须是混凝土墙体、实心砖墙体或与墙体承载力等效的安装面;当安装面强度不符合要求时,应采取相应的加固、支撑措施。外保温墙面不应安装建筑外立面附加设施。

6.1.3 建筑十层以下(含十层)部位可安装空调外机支架、晾衣架、窗台花架、雨篷、折叠式遮阳篷和户外招牌等建筑外立面附加设施;建筑十层以上部位不宜安装除空调外机支架和户外招牌以外的附加设施。

6.1.4 建筑外立面附加设施不得占用公共人行道,沿道路、公共通道两侧建筑安装的外立面附加设施的底部距地面距离宜大于2.5 m。建筑物的出入口、内部过道、楼梯等公用部位不得安装户外招牌(除平行外墙式以外)、空调外机支架、晾衣架、窗台花架、雨篷、折叠式遮阳篷等附加设施。

6.1.5 建筑外立面附加设施的自身结构安全应符合现行国家标准《钢结构设计标准》GB 50017、《砌体结构设计规范》GB 50003、《混凝土结构设计规范》GB 50010、《铝合金结构设计规范》GB 50429 和《民用建筑设计统一标准》GB 50352 的有关规定;建筑外立面附加设施电气控制部件的设计应符合现行国家标准《民用建筑电气设计标准》GB 51348 等相关标准的要求。

6.1.6 设计中的荷载应按照现行国家标准《建筑结构荷载规范》GB 50009 的要求取值;标准中没有明确规定的荷载情况,荷载应按照实际情况取值,注明取值依据,并出具结构计算书。

6.1.7 设计采用碳素结构钢的型材或管材的空调外机支架、窗台花架、雨篷、折叠式遮阳篷等附加设施的结构件,表面应做防腐处理。

6.1.8 建筑外立面附加设施与建筑外墙立面的锚固,设计单位必须根据建筑物墙体的实际情况,对锚固材料、锚固方式等细节进行相应设计和计算,并出具锚固节点详图。

6.1.9 建筑外立面附加设施的锚固材料或锚固螺栓宜采用不锈钢或经热镀锌处理的膨胀螺栓、化学锚栓、对穿夹板螺栓、U 形螺栓等紧固件。

6.1.10 建筑外立面附加设施采用金属膨胀螺栓或穿墙夹板螺栓作锚固时,必须对锚固部位进行密封防水处理。墙面安装时的废孔应以结构胶或环氧水泥砂浆进行封堵。

6.2 空调外机相关设施

6.2.1 空调外机机位设置的位置应符合下列规定:

1 应保证机位进排风流畅,无气流短路现象,在排出空气的一侧不应有遮挡物,空调外机侧面、背面留有足够的进风空间,并应保证围护设施的有效通风面积不小于 60%。

2 应为空调外机安装、清洗、维护和拆除提供方便操作的条件。

3 突出建筑控制线时,应符合当地城市规划管理的要求。

4 不应设置在建筑物内部的过道、楼梯、出口、车库等公用地方,以及单元出入口和过街楼等人员出入位置的上方。

5 机位的设置不得占用人行道,如设置在沿道路、公共通道两侧的建筑物上的,必须采取安全防护措施,且空调外机支架底部距室外地面的高度不得低于 2.5 m。

6 当发生紧急事态时,机位不应影响人员从建筑中安全撤离,并应具有防止攀爬等安全措施。

6.2.2 承台板的设计应符合以下要求:

1 承台板的布置应统一定位、统一高度,做到横平竖直,布局美观、间距均衡。

2 承台板的设计应符合现行国家标准《混凝土结构设计规范》GB 50010 和《混凝土结构加固设计规范》GB 50367 的要求。

3 承台板的设置应具有防止攀爬等安全措施。

4 承台板围栏应保证空调外机工况需要的通风散热、检修方便,围栏的材质、色彩、形态应与原建筑立面相协调,围栏高度不应小于 500 mm。

6.2.3 空调外机支架设计应符合以下要求:

1 支架的布置应统一定位、统一高度,做到横平竖直,布局美观、间距均衡。

2 支架的设计应符合现行国家标准《钢结构设计标准》GB 50017、《空调器室外机安装用支架》GB/T 35753 和《房间空气调节器安装规范》GB 17790 的有关规定。

3 支架的承载力不得低于空调外机自重的 4 倍;最小功率的空调,其支架承载力设计值不得低于 2 000 N。

4 当空调外机支架由空调机生产厂配套供货时,支架的承载力不得低于本条第 3 款的规定。同时,工厂配套提供的空调外机支架构件受拉受剪的连接螺栓选用应按现行国家标准《六角头螺栓》GB/T 5782 中的 A 级或 B 级螺栓要求执行。

5 空调外机支架的设置应具有防止攀爬等安全措施。

6 空调外机支架的制作质量应符合现行国家标准《钢结构工程施工质量验收标准》GB 50205 的规定。

6.2.4 空调外机遮罩设计应符合以下要求：

1 外机遮罩设计使用年限不应低于外机的使用年限。

2 应满足通风、安装、维修保养的要求。

3 装饰构件的材质、款式以及安装，应与原建筑风格协调一致。

4 同一栋建筑的装饰构件应统一，同一路段的装饰构件应相互协调。

5 应根据外机分布情况灵活设计，遮罩水平高度、垂直位置宜统一。

6 空调外机遮罩与原建筑外墙面的锚固，应根据实际情况采取可靠的方式，并应考虑在极端气候条件下的风荷载对装饰构件自身强度以及与原外墙面锚固的影响。

6.2.5 空调的冷凝水不应随意排放，应设置有组织的单独排放系统，排水口构造应利于冷凝水的排放。

6.2.6 建筑沿街面空调机室内外连接管和冷凝水管应统一整齐布置，宜加装套管，涂饰与所依附墙面相同色彩的涂料，统一走向，并应为每户预留接口。

6.3　折叠式遮阳篷

6.3.1 以薄壁管材制作的折叠式遮阳篷的设计出挑宽度不得大于 1 000 mm，撑杆每米长度范围的承载力不得小于 1 700 N。遮阳篷最大长度不得大于 3 000 mm。

6.3.2 当采用碳素结构钢的钢管作为折叠式遮阳篷的撑杆时，根据其承载力要求，钢管规格应符合表 6.3.2 的规定。

表 6.3.2 钢管规格选用

折叠式遮阳篷长度(m)	钢管外径(mm)	钢管壁厚(mm)
<1.5	≥22	≥2.8
1.5~3.0	≥28	≥2.8

6.3.3 折叠式遮阳篷固定支座的长度不得小于 250 mm,板厚不得小于 2.5 mm,支座形式应为 U 型结构形式。

6.3.4 折叠式遮阳篷撑杆与支座的铰接销栓直径不得小于 6 mm,且必须有止退装置。

6.3.5 折叠式遮阳篷每个支座与墙面的锚固点不得少于 2 点,锚固间距不得小于 200 mm,锚固螺栓直径不得小于 8 mm,与墙体基层的锚固长度不得小于 70 mm。

6.3.6 折叠式遮阳篷后撑杆应与墙面作锚固处理,每档锚固间距不得大于 600 mm。

6.3.7 折叠式遮阳篷的篷布必须采用金属压条与撑杆作可靠铆接;当采用不锈钢抽芯铆钉铆固时,其铆固间距不应大于 200 mm。

6.4 雨 篷

6.4.1 雨篷构架宜采用薄壁不锈钢管制作。雨篷的设计外挑宽度不应大于 600 mm,且每米长度范围的承载力不得小于 2 000 N。

6.4.2 以建筑装饰薄壁不锈钢方管作为雨篷的主要构架时,方管管材规格不得小于 20 mm×20 mm×0.8 mm,龙骨规格不得小于 20 mm×10 mm×0.6 mm,锚固耳攀不锈钢板厚度不得小于 2.0 mm。

6.4.3 构架后立杆的高度不应小于 250 mm,后立杆的节间距离不应大于 600 mm,雨篷构架龙骨节间距不应大于 300 mm。

6.4.4 雨篷挡水面板的厚度应符合以下规定：

    1 采用聚碳酸酯(PC)实心板，其厚度应不小于 2 mm。

    2 采用聚碳酸酯(PC)中空板，其厚度应不小于 8 mm。

    3 采用不锈钢板，其厚度应不小于 1 mm。

6.4.5 雨篷的挡水面板宜采用不锈钢铆钉、金属压条或金属大垫圈，并与构架或龙骨固定牢固，其固定钉距不应大于 200 mm。

6.4.6 雨篷采用轻质耐力板或彩钢板等材料作挡水面板时，应在面板的外表面加装吸声材料。

6.4.7 雨篷应采用不锈钢膨胀螺栓或化学锚栓与墙体基层作可靠固定。雨篷每根后立杆与墙面的锚固点不得少于 2 点，锚固间距不应小于 200 mm，锚固螺栓直径不宜小于 8 mm，与墙体基层的锚固长度不应小于 70 mm。

6.5 推拉晾衣架

6.5.1 沿街建筑既有晾衣架应统一位置，新增推拉晾衣架的形式、材质和安装位置，应与已有晾衣架保持协调统一。

6.5.2 户外伸缩式推拉晾衣架的设计应符合现行国家标准《钢结构设计标准》GB 50017 和《铝合金结构设计规范》GB 50429 的规定。

6.5.3 推拉晾衣架的晾衣杆设计应为三杆或四杆，不得多于四杆。且晾衣架最外端晾衣杆的最大推出距离安装面尺寸不应大于 1.2 m。推拉晾衣架的设计荷载应符合表 6.5.3 的规定。

表 6.5.3 推拉晾衣架的设计荷载

晾衣架规格	支架间距	设计荷载
三杆	≤2.5 m	300 N
四杆	≤2.5 m	350 N

6.5.4 铝合金型材晾衣架(含铝镁合金型材)表面应做防腐处理。在阳台或窗台外侧安装推拉晾衣架时，应根据安装面的实际状

况,确定满足承载要求的相对应的安装方案。

6.5.5 在阳台外侧安装推拉晾衣架时,晾衣架支座必须固定在阳台的主受力结构上。

6.6 户外广告设施

6.6.1 户外广告设施应由具备相应设计资质的设计单位结合建筑结构和整体布局、建筑物立面及周边环境要求进行整治设计。

6.6.2 户外广告设施整治设计前,应了解所依附建(构)筑物的结构安全状况,必要时应委托房屋质量或其他检测机构对建(构)筑物安全性进行评估。

6.6.3 建筑外立面的各类户外广告设施的整治设计,应符合现行上海市地方标准《户外广告设施设置技术规范》DB 31/T 283 的有关规定。

6.6.4 户外广告设施的材料以及照明灯具的选用,应符合城市生态环保、节能和消防要求,应充分考虑环境气候对结构的影响,不得采用易腐烂、易变形、易破损及自重重的材料作为户外广告的表层围护。

6.7 户外招牌

6.7.1 主体为钢结构的户外招牌,应由具备相关设计资质的设计单位结合建筑整体布局、建筑物立面及周边环境要求进行整治设计。

6.7.2 建筑外立面的户外招牌整治设计前,应了解所依附建筑物的结构安全状况,必要时应委托房屋质量或其他检测机构评估建筑物安全使用的性能状况。

6.7.3 建筑外立面各类户外招牌的整治设计应符合现行上海市地方标准《户外招牌设置技术规范》DB 31/T 977 的有关规定。

6.7.4 户外招牌的材料以及照明灯具的选用,应符合城市生态环保、节能和消防要求,应充分考虑环境气候对结构的影响,不得采用易腐烂、易变形、易破损及自重重的材料作为户外招牌的表层围护。

6.8 窗台花架

6.8.1 窗台花架宜在六层及六层以下的建筑混凝土结构外墙上设置。

6.8.2 窗台花架的整治设计应保证窗台花架位置统一协调、排列整齐有序,花架形式统一、风格相似,与建筑结构主体有效连接、牢固固定。

6.8.3 窗台花架设计每米长度范围的承载力不得小于 2 100 N。

6.8.4 花架的设计出挑距离不得大于 400 mm,高度不得大于 220 mm。

6.8.5 花架的主要构架材料规格应符合以下要求:

    1 采用建筑装饰薄壁不锈钢方管时,方管规格不得小于 25 mm×25 mm×0.8 mm,锚固耳攀不锈钢板厚度不得小于 2.0 mm。

    2 采用碳素结构钢的角钢时,角钢规格不得小于∟30×3。锚固耳攀钢板厚度不得小于 4.0 mm。

6.8.6 花架与墙面的支撑杆件长度不得小于 400 mm,花架悬挑的底部外端应每间隔 0.6 m 设置一道斜撑。

6.8.7 花架底框的格栅间距不得大于 100 mm,花架周边围护栏杆间距不得大于 100 mm。

6.8.8 窗台花架与墙面的锚固应符合以下要求:

    1 支撑杆件与墙面的锚固点不应少于 3 个。

    2 中间每档支撑位置固定点不应少于 2 个,锚固间距离不应小于 300 mm,锚固螺栓的直径不应小于 8 mm,与墙体基层的锚固长度不应小于 70 mm。

7 材 料

7.1 一般规定

7.1.1 外立面整治工程所用材料的品种、规格和质量应符合设计要求以及国家现行相关标准的规定,不得使用国家明令淘汰的材料。

7.1.2 外立面整治工程所用材料均应有产品合格证书、质量保证书及有效的检测报告。

7.1.3 外立面整治工程所用材料的燃烧性能等级和耐火极限应符合现行国家标准《建筑设计防火规范》GB 50016 的规定,并应按相关防火法规的规定执行。

7.1.4 外立面整治工程应采用绿色、环保型材料。

7.2 清洗材料

7.2.1 外墙清洗材料应符合现行行业标准《建筑外墙清洗维护技术规程》JGJ 168 中对清洗材料的相关要求。

7.2.2 清洗维护材料应能清除饰面上的污垢,使饰面恢复原有的材质表观,并对原饰面无损害。

7.2.3 清洗维护材料应符合国家环保要求,不得选用 pH 值小于 4 或 pH 值大于 10 的清洗剂以及有毒有害化学品。

7.2.4 清洗维护材料可选用清水、化学清洗剂、敷剂,或采用介质法进行冲洗。

7.2.5 清水可用于清洗轻度污染的饰面。

7.2.6 中性清洗剂可用于清洗中度污染、表面光滑的饰面。清洗金属幕墙和涂料的饰面时，应采用中性清洗剂。

7.2.7 碱性清洗剂用于清洗耐碱且粘有油污或有机物的饰面。

7.2.8 酸性清洗剂用于清洗表面粗糙及硬度高的天然石材和烧结材料的饰面。

7.2.9 敷剂可用于清洗污垢吸附程度严重的饰面。

7.2.10 当采用介质法进行清洗时，应根据建筑外立面材料的特性选择合适的介质。介质法清洗时应采取湿式砂洗，介质宜采用石英砂或金刚砂。湿式砂洗可用于清洗重度污染且表面粗糙、硬度较高的天然石材饰面。

7.3 涂饰材料

7.3.1 外墙涂饰工程中严禁使用溶剂型饰面涂料。

7.3.2 外墙腻子的技术性能指标应符合现行行业标准《建筑外墙用腻子》JG/T 157 的规定；用于墙面砖、马赛克表面处理的腻子，其技术性能指标除应符合现行行业标准《建筑外墙用腻子》JG/T 157 的规定外，粘结强度应不小于 0.8 MPa。

7.3.3 重要建筑外立面采用的合成树脂乳液型外墙涂料，其技术性能指标应符合现行国家标准《合成树脂乳液外墙涂料》GB/T 9755 中优等品的规定；普通建筑外立面采用的合成树脂乳液型外墙涂料，其技术性能指标应符合现行国家标准《合成树脂乳液外墙涂料》GB/T 9755 中一等品的规定。

7.3.4 合成树脂乳液砂壁状建筑涂料的技术性能指标应符合现行行业标准《合成树脂乳液砂壁状建筑涂料》JG/T 24 的规定。

7.3.5 乳液型弹性外墙涂料的技术性能指标应符合现行行业标准《弹性建筑涂料》JG/T 172 的规定。

7.3.6 粉刷砂浆的技术性能指标应符合现行行业标准《抹灰砂浆技术规程》JGJ/T 220 的规定。

7.3.7 聚合物水泥防水涂料的技术性能指标应符合现行国家标准《聚合物水泥防水涂料》GB/T 23445 的规定。

7.3.8 外墙涂饰工程中配套使用的底漆，应与外墙基层、腻子材料和外墙面层涂料的性能相适应；其技术性能指标应符合现行行业标准《建筑内外墙用底漆》JG/T 210 中外墙用底漆的规定。

7.4 结构材料

7.4.1 采用的水泥应符合现行国家标准《通用硅酸盐水泥》GB 175 的规定；采用的砂、石料应符合现行行业标准《普通混凝土用砂、石质量及检验方法标准》JGJ 52 的有关规定；采用的钢筋应符合现行国家标准《钢筋混凝土用钢 第 1 部分：热轧光圆钢筋》GB 1499.1、《钢筋混凝土用钢 第 2 部分：热轧带肋钢筋》GB 1499.2 等的有关规定。普通钢筋的强度标准值应具有不小于 95% 的保证率。

7.4.2 采用的焊条应符合现行国家标准《非合金钢及细晶粒钢焊条》GB/T 5117 和《低合金钢焊条》GB/T 5118 的规定；焊条的型号应与主体金属力学性能相适应；采用的焊丝应符合现行国家标准《熔化焊用钢丝》GB/T 14957，国家标准《气体保护电弧焊用碳钢、低合金钢焊丝》GB/T 8110—2008、《碳钢药芯焊丝》GB/T 10045—2001 和《低合金钢药芯焊丝》GB/T 17493—2008 的规定。

7.4.3 外立面整治中涉及承重结构所采用的金属材料应符合现行国家和行业有关标准的要求，附加设施和建筑主体相连接的部位宜采用不锈钢材料。

7.5 连接件材料

7.5.1 机械锚栓、化学锚栓及锚固胶的性能应符合现行行业标准《混凝土结构后锚固技术规程》JGJ 145 和《混凝土结构工程用锚固胶》JG/T 340 的有关规定。

7.5.2 各类紧固件的性能应符合现行国家标准《紧固件机械性能》GB/T 3098.1～GB/T 3098.20 的有关规定。

7.5.3 结构胶、密封胶条的性能应符合现行国家标准《建筑用硅酮结构密封胶》GB 16776 和《建筑门窗、幕墙用密封胶条》GB/T 24498 的有关规定。

7.6 其他材料

7.6.1 雨水管应采用 PVC 管材和管件,其技术性能指标应符合现行行业标准《建筑用硬聚氯乙烯(PVC-U)雨落水管材及管件》QB/T 2480 的相关规定。

7.6.2 空调外机滴水管技术性能应符合现行行业标准《建筑用硬聚氯乙烯(PVC-U)雨落水管材及管件》QB/T 2480 的相关规定,且管径不宜小于 50 mm。

7.6.3 照明灯具、电线、电缆应符合现行国家和行业有关标准的要求,照明灯具宜使用高效节能的 LED 灯具。

7.6.4 附加设施采用的板材应符合现行国家和行业有关标准的要求,并应具有抗锈蚀性和高耐候性。板材可采用镀锌板、铝塑板、镀锌彩钢板或不锈钢板等材料。

本标准用词说明

1 为了便于在执行本标准条文时区别对待,对要求严格程度不同的用词说明如下:

　1)表示很严格,非这样做不可的用词:
　　正面用词采用"必须";
　　反面用词采用"严禁"。

　2)表示严格,正常情况下均应这样做的用词:
　　正面词采用"应";
　　反面词采用"不应"或"不得"。

　3)表示允许稍有选择,在条件许可时首先应这样做的用词:
　　正面用词采用"宜"或"可";
　　反面用词采用"不宜"。

　4)表示有选择,在一定条件下可以这样做的用词:
　　正面词采用"可";
　　反面词采用"不可"。

2 条文中指明应按其他有关标准执行时的写法为"应符合……要求(或规定)"或"应按……执行"。

引用标准名录

1 《通用硅酸盐水泥》GB 175
2 《钢筋混凝土用钢 第1部分:热轧光圆钢筋》GB 1499.1
3 《钢筋混凝土用钢 第2部分:热轧带肋钢筋》GB 1499.2
4 《紧固件机械性能》GB/T 3098.1~GB/T 3098.20
5 《非合金钢及细晶粒钢焊条》GB/T 5117
6 《低合金钢焊条》GB/T 5118
7 《气体保护电弧焊用碳钢、低合金钢焊丝》GB/T 8110
8 《污水综合排放标准》GB 8978
9 《合成树脂乳液外墙涂料》GB/T 9755
10 《碳钢药芯焊丝》GB/T 10045
11 《建筑用硅酮结构密封胶》GB 16776
12 《低合金钢药芯焊丝》GB/T 17493
13 《房间空气调节器安装规范》GB 17790
14 《聚合物水泥防水涂料》GB/T 23445
15 《建筑门窗、幕墙用密封胶条》GB/T 24498
16 《空调器室外机安装用支架》GB/T 35753
17 《建筑结构荷载规范》GB 50009
18 《混凝土结构设计规范》GB 50010
19 《钢结构设计标准》GB 50017
20 《建筑物防雷设计规范》GB 50057
21 《钢结构工程施工质量验收标准》GB 50205
22 《民用建筑设计统一标准》GB 50352
23 《民用建筑电气设计标准》GB 51348
24 《合成树脂乳液砂壁状建筑涂料》JG/T 24

25 《普通混凝土用砂、石质量及检验方法标准》JGJ 52

26 《混凝土结构后锚固技术规程》JGJ 145

27 《建筑外墙清洗维护技术规程》JGJ 168

28 《建筑外墙用腻子》JG/T 157

29 《弹性建筑涂料》JG/T 172

30 《建筑内外墙用底漆》JG/T 210

31 《抹灰砂浆技术规程》JGJ/T 220

32 《混凝土结构工程用锚固胶》JG/T 340

33 《建筑用硬聚氯乙烯（PVC-U）雨落水管材及管件》
    QB/T 2480

34 《多层住宅平屋面改坡屋面工程技术规程》DG/TJ 08—023

35 《户外广告设施设置技术规范》DB 31/T 283

36 《城市环境（装饰）照明规范》DB 31/T 316

37 《户外招牌设置技术规范》DB 31/T 977

上海市工程建设规范

既有建筑外立面整治设计标准

DG/TJ 08—2367—2021
J 15833—2021

条 文 说 明

2021 上海

目　　次

1　总　则 ……………………………………………… 33

2　术　语 ……………………………………………… 34

3　基本规定 …………………………………………… 35

4　建筑外立面分级整治设计 ………………………… 36

  4.1　一般规定 ……………………………………… 36

  4.2　外立面三级整治设计 ………………………… 37

  4.4　外立面一级整治设计 ………………………… 38

5　建筑外立面整治色彩设计 ………………………… 39

  5.1　一般规定 ……………………………………… 39

  5.2　居住建筑外立面色彩设计 …………………… 41

  5.3　公共建筑外立面色彩设计 …………………… 45

6　建筑外立面附加设施整治设计 …………………… 47

  6.1　一般规定 ……………………………………… 47

  6.2　空调外机相关设施 …………………………… 48

  6.8　窗台花架 ……………………………………… 48

7　材　料 ……………………………………………… 50

  7.1　一般规定 ……………………………………… 50

  7.2　清洗材料 ……………………………………… 50

  7.3　涂饰材料 ……………………………………… 51

  7.4　结构材料 ……………………………………… 57

  7.5　连接件材料 …………………………………… 58

Contents

1 General provisions 33
2 Terms 34
3 Basic regulations 35
4 Building facades classification renovation design 36
   4.1 General regulations 36
   4.2 Facades third-level renovation design 37
   4.4 Facades first-level renovation design 38
5 Building facades renovation color design 39
   5.1 General regulations 39
   5.2 Residential building requirements 42
   5.3 Public building requirements 45
6 Building facades additional facilities renovation design
   47
   6.1 General regulations 47
   6.2 Air conditioner relevant facilities 48
   6.8 Windowsill flower racks 48
7 Material selection 50
   7.1 General regulations 50
   7.2 Cleaning materials 50
   7.3 Coating materials 51
   7.4 Structural materials 57
   7.5 Connector materials 58

1 总　则

1.0.1　为保持建筑整治成效并进一步深化，建立常态长效机制，贯彻国家和本市技术经济政策，做到安全、适用、经济、美观，保证工程质量，保障人身健康和财产安全，根据城市建筑修缮养护日常管理的特点，结合本市历史文化、建筑风格、经济社会发展趋势，借鉴国内外先进理念，进一步调研、分析、研究，在广泛征求各方面意见的基础上，编制出完整的、成体系的、适用于本市日常城市管理工作的具有广泛性和适用性的标准。

1.0.2　本标准将应用于本市建设管理、房屋管理、绿化市容等单位部门相关管理工作，对于规范各类既有建筑立面的修缮整治和改造工作，提高城市建筑管理工作的质量和效率，具有重要的社会和经济意义。

　　本标准不适用于高度超过 100 m 的住宅及公共建筑和已经公示的优秀历史建筑。列入本市文物保护和优秀历史建筑名录的建筑外立面整治设计应按《上海市历史文化风貌区和优秀历史建筑保护条例》《优秀历史建筑保护修缮技术规程》和相关的文物保护法律、法规及有关规定执行。

2 术 语

2.0.9 本标准中雨篷不包括设置在建筑物出入口上方的防坠落雨篷。

2.0.12 墙面色指除屋顶外建筑所有外围护部分的主要色彩。墙面色所占面积最大,承载着一栋建筑、一片区段乃至一个城市的基调和文化。色彩在选择上应同时考虑颜色的持久性和美观性。

2.0.15 屋面色是建筑色彩的立体体现,通常会影响高架道路沿线景观效果以及航拍摄影效果。

2.0.16 点缀色所占面积较小,使用部位主要包括檐口、门窗、门框梁、柱、窗台、阳台等。点缀色的主要作用在于体现出建筑色彩的设计感以及单体建筑的个性特征。

3 基本规定

3.0.2 由于建筑外立面的墙面材料、附加设施、连接形式等种类众多，涉及的施工方案、施工环境也不相同，因此，设计人员必须在对既有建筑外立面进行仔细踏勘的基础上，调阅建筑竣工、修缮资料，必要时可要求委托单位提供房屋检测报告，然后进行整治设计。

3.0.3 对既有建筑的施工应充分认识其特殊性，考虑对居民生活的影响，在材料运输堆放、施工过程、后期使用等方面应按照安全、环保、规范的原则，确保居民和施工人员人身财产安全。

4 建筑外立面分级整治设计

4.1 一般规定

4.1.4 根据对建筑物外立面整治的不同强度,分为一级整治、二级整治和三级整治三个级别。从逻辑关系上,三级整治、二级整治、一级整治是一个整治强度与工作量递增的序列。

三级整治的工作主要包括对外立面有明显污痕或色彩与周边环境明显不协调的建筑外立面进行的修补、清洗、涂饰工作。对于建筑外立面整治,清洗、涂饰工作是最基础、简便,也是最直观有效的整治方法。

二级整治的工作除了包括三级整治的内容,还包括对附加设施(空调外机支架、晾衣架、窗台花架、雨篷、折叠式遮阳篷和店招店牌等)的统一清理工作。随着城市的建设发展以及人民日常生活的需要,建筑外立面附加设施的形态、种类、用途越来越多,其所涉及的安全隐患和不规范问题也逐渐显现,应按照坚固结实、实用美观、安装可靠的原则对其进行规范整治。

一级整治的工作除了包括二级整治和三级整治的内容,还包括对附属设施(给排水管道、管线、避雷带等)和外立面门窗等统一设计、更换。

整治强度适用于各类既有建筑外立面整治设计,强度等级供参照,并非整治设计工作的唯一标准。分级划分的目的如下:

1 建立对现状建筑改造强度的衡量等级,通过制定统一的分级划分标准,保证对同类建筑整治强度的一致性。

2 建立对现状建筑整治工作量的初步量化标准,便于进行工作量概算和投资估算的整体控制统筹。

4.1.5 本条参考相关管理规定和技术标准,并结合实际工程经验制定,参考:

1 《建设工程质量管理条例》(国务院令第 279 号)第四十条:"屋面防水工程、有防水要求的卫生间、房间和外墙面的防渗漏,为 5 年。"

2 《关于进一步明确上海市住宅修缮工程项目移交接管及质量保修相关工作要求的通知》(沪住修缮〔2015〕26 号):"屋面防水工程、有防水要求的卫生间、房间和外墙面的防渗漏工程,新做或翻做的保修期为 5 年,局部修缮的保修期为 3 年。"

3 上海市工程建设规范《房屋修缮工程技术规程》DG/TJ 08—207—2008 中明确外立面修缮最低年限为 7 年。

同时,经调研,本市"迎世博 600 天建筑整治"等多项建筑外立面整治工程,其整治工程效果基本都能保持 5 年以上。因此,本标准要求整治工程后续整治周期不应低于 5 年。

4.2 外立面三级整治设计

4.2.1 建筑物外墙基层必须牢固,基层如有缺陷,必须进行修补、加固,并按相应的施工规范进行操作。饰面废弃的附着物可以借此清洗维护的机会进行清除,既使得建筑物外立面美观,又可以使清洗工作更易进行。同时,由于墙面基层的状况直接影响涂饰后涂层的美观和耐久,在建筑进行涂饰前,对基层进行全面的检查是非常必要的,在此基础上再制定清洗及修补方案。

4.2.2 当进行饰面修补、加固或更换时,采用与原来相同或性能、外观相近的修补、加固材料,可保证建筑物的饰面效果和新旧材料的有效粘结。

4.2.4 冲洗废水定向排入就近的污水管道时,须符合现行国家标准《污水综合排放标准》GB 8978 中第二类污染物最高允许排放浓度(三级标准)的要求。

4.2.6 外立面清洗设计

    1   清洗保养的目的是恢复或保持饰面的原来面貌,因此,要确保清洗保养不对建筑物饰面的材质和表观造成伤害。化学清洗见效快、成本低、操作简便,但是易造成二次污染,产生污水量大,且污染物难降解。应当落实措施,尽量避免清洗保养对环境造成污染。

4.2.8 外立面涂饰设计

    1   外立面涂饰是一项专业性较强的工程,必须严格按照行业标准、本市相关地方标准及生产厂家使用说明书的规定执行。

    2   涂料产品的质量控制要素是对比率(遮盖率)、耐沾污性及耐久性。

4.2.10 外立面材料为马赛克、墙面砖时

    2   马赛克、墙面砖等贴面材料吸附能力差,直接在其表面进行涂饰会严重影响涂料的附着力。因此,在完成原墙面修补后,须批嵌马赛克面、墙砖界面处理腻子,再涂刷外墙涂料。如有条件,可将原有墙面砖等贴面材料铲除,直到露出粉刷刮糙层,砂浆找平后,再批嵌外墙腻子,涂刷外墙涂料。

4.4 外立面一级整治设计

4.4.3   应避免施工工艺复杂和装修材料昂贵的设计改造方案。

4.4.8   泛光照明灯具在设置上应注意隐蔽性,不影响建筑本体在白天时的立面效果。建筑外立面的颜色还应考虑配合泛光照明的效果,例如,大面积基色的彩度不能太高,否则,灯光照射下不仅刺眼,且照明效果不好。

5 建筑外立面整治色彩设计

5.1 一般规定

5.1.1 上海市从原住居民的传统民居、石库门里弄、欧洲别墅洋楼、外滩建筑群,到新中国成立后建造的各色建筑,再到 20 世纪 90 年代起建造的高楼大厦,兼容并蓄的海派文化使得上海市的城市建筑色彩比较丰富,并随着建筑时尚建材的发展呈现出变化。从色彩学的角度,上海城市建筑色彩的整体特征可归纳为明亮的、色调丰富的灰色系统。

外立面整治色彩设计建议采用蒙塞尔色彩体系作为分类与标定色彩的方法,色谱中无彩色系的色彩标注为 NV/,即中性色明度/;其他色彩标注为 HV/C,即色相明度/彩度。

全世界自制国际标准色的国家有三个,其代表机构是美国的蒙塞尔(MUNSELL)、德国的奥斯特沃尔德(OSTWALD)及日本的日本色研所(P.C.C.S)。还有一些其他研究机构制定的色彩标准,也对色彩科学的发展作出了积极的贡献。本标准以国际上广泛采用的蒙塞尔色彩体系方法作为分类和标定表面色的方法。蒙塞尔色立体图如图 1 所示。

任何颜色都可以用色立体上的色相、明度值和彩度三项坐标来标定,并给一标号。标定的方法是先标色相 H,再标明度 V,斜线后标彩度 C。

HV/C＝色相明度/彩度

对于非彩色的黑白系列(中性色)色相用 N 表示,N 后标明度 V,斜线后不标彩度。

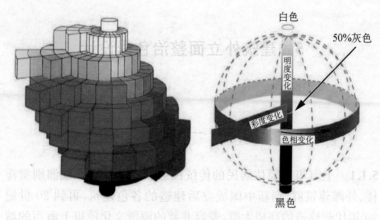

图1 蒙塞尔色立体图

NV/＝中性色明度/

5.1.2 色彩整治的目的不是重新树立新的城市色彩形象,而是消除建筑色彩污染,创造和谐的色彩环境与宜人的视觉体验,展现城市独特的文化韵味。部分现状建筑立面或屋顶存在大面积与周边建筑极不协调的色彩,主要是过于鲜艳、刺眼的色彩。另外,许多建筑上的广告、招牌色彩分布杂乱,色彩对比过于强烈,从视觉体验上掩盖了建筑本身的色彩,也在一定程度上造成了城市色彩污染。

5.1.4 建筑外立面整治色彩设计不宜选用太突出的颜色和材料,特别是控制大楼立面的整体性。

5.1.5 建筑外立面色彩总谱建立过程:

1 色彩调研:采用法国著名色彩学家让·菲力普·朗科罗的色彩调研方式和流程进行现状建筑色彩调研。通过对上海市中心城区样本区域进行色彩采集,将色票测色数值化。

2 现状色彩梳理与筛选:对现状色彩进行梳理,根据对城市色彩的特征归纳,结合视觉效果判断,将造成"色彩污染"的极不协调的色彩从现状色谱中筛选出来。

3 形成现状色谱:对袪除不协调色后的建筑现状色谱进行整理,将具有相似特征的色彩合并,形成现状建筑色彩概念总谱。

4 建立规划色谱:在现状建筑色彩概念总谱基础上,考虑涂料污损导致的色彩亮度与彩度的损失,规划引导中适当增加色彩亮度与彩度,选取不同建筑部位具有代表性的常用色彩,建立规划色谱,即建筑整治色彩总谱。

色彩总谱中墙面色、屋顶色和点缀色色彩体系如图2~图4所示。

图 2　墙面色

5.2　居住建筑外立面色彩设计

5.2.1　本标准设计了居住、公共建筑整治色彩总谱,整治色彩总谱是针对其各自现有的色彩特征和色彩趋势,进行强化引导,分别建立的分类色彩集合。其中,居住建筑色彩总谱的色相特征较鲜明,即以暖色为主;公共建筑考虑到功能类型的多样性,色彩总谱包含冷色、暖色和中间色,但以冷色居多。

另外,标准在色彩整治分类引导中,还建立了居住、公共建

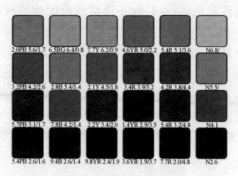

图 3　屋顶色

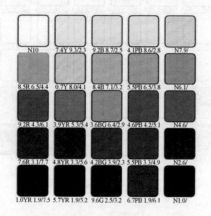

图 4　点缀色

筑色彩搭配色谱,针对墙面色色谱中的每种色彩,给出其作为主调色时的搭配建议,对色彩的搭配使用具有更加直接的指导作用。

其中,居住建筑外立面整治色彩总谱由居住建筑墙面色、屋顶色和点缀色三个体系组成,如图 5~图 7 所示。居住建筑色彩搭配色谱如图 8 所示。

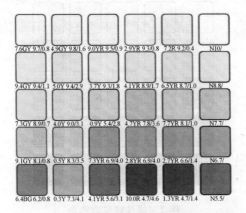

图 5　居住建筑墙面色

图 6　居住建筑屋顶色

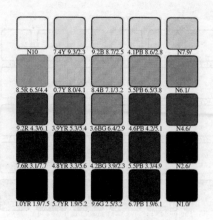

图7 居住建筑点缀色

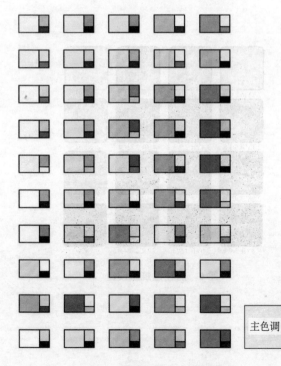

图8 居住建筑色彩搭配色谱

5.3 公共建筑外立面色彩设计

5.3.1 公共建筑外立面整治色彩总谱由公共建筑墙面色、屋顶色、点缀色三个体系组成,如图 9~图 11 所示。公共建筑色彩搭配色谱如图 12 所示。

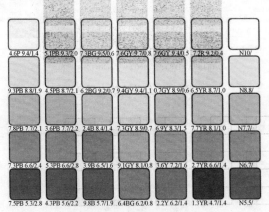

图 9 公共建筑墙面色

图 10 公共建筑屋顶色

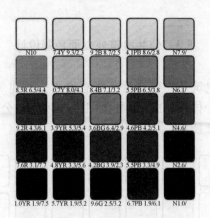

N10	7.4Y 9.3/2.3	9.2B 8.7/2.5	4.1PB 8.6/2.8	N7.9/
8.5R 6.5/4.4	0.7Y 8.0/4.1	8.4B 7.1/3.2	5.5PB 6.5/3.8	N6.1/
9.2R 4.3/6.1	3.9YR 5.3/5.4	3.6BG 6.4/2.9	4.6PB 4.2/5.1	N4.6/
7.6R 3.1/7.7	4.8YR 3.3/5.6	4.2BG 3.9/2.3	5.5PB 3.3/4.9	N2.6/
1.0YR 1.9/7.5	5.7YR 1.9/5.2	9.6G 2.5/3.2	6.7PB 1.9/6.1	N1.0/

图 11 公共建筑点缀色

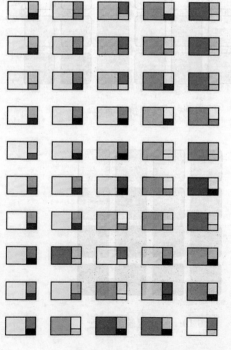

图 12 公共建筑色彩搭配色谱

6 建筑外立面附加设施整治设计

6.1 一般规定

6.1.1 建筑外立面附加设施和附属设施的设置，特别是与建筑墙体的连接，由于户外风吹日晒、使用损耗、偷工减料等原因，会发生腐蚀、破损等现象，导致坠落伤人事故，严重影响人民的生命财产安全，因此，这类安全质量隐患必须事先进行处理。同时，本标准根据城市公共安全和市容环境管理的要求，规定了建筑外立面附加设施的设置应牢固可靠、实用美观的原则要求。

6.1.2 根据本市多年的工程实践经验，建筑外立面附加设施的锚固基材应是混凝土和大于 200 mm 厚实心砖等密实性好、强度较高的材料，不应直接锚固在基材为多孔砖、大孔砖、粉煤灰砖、轻质混凝土等密实性较差、强度较低的材料上，或已存在开裂、缺损、变形等损坏的基材上。危房和简易房屋的外墙立面不得安装建筑外立面附加设施。

6.1.3 根据本市多年的工程实践经验和风荷载验算，在确保附加设施自身质量、锚固方式、安装面强度均符合本标准和其他相关标准要求的情况下，高层建筑外立面附加设施的设置应能够满足安全要求。本标准为了加强高空坠物安全隐患源头控制，在高层建筑外立面整治工程中不鼓励安装除空调外机支架和户外招牌以外的附加设施。

6.1.4 本条规定了建筑物出入口、内部过道、楼梯等公用地方不得安装附加设施的种类，规定了在建筑物出入口仅可设置横牌形式的店招店牌，主要是出于消防安全和不影响居民正常生活、工作考虑。

6.1.8 根据建筑外立面附加设施"锚固"这一安装重要环节,规定必须根据建筑墙体和饰面的实际情况,采用相对应的锚固材料和方式。

6.2 空调外机相关设施

6.2.1 沿道路及公共通道两侧的建筑物上,底层安装空调外机时,考虑到空调外机工作时通风和散热会对道路上的行人产生影响,故空调外机的安装高度应高于一般人的身高尺寸。同时,底层安装空调外机时,不能占用上一层的空调外机的安装面。

6.2.2 空调外机承台板(钢筋混凝土搁板)的改造方法有着造价低廉、安全可靠度高、耐久性良好和外形统一美观的优点。但是承台板混凝土浇筑难度较大,且混凝土需要养护,施工周期较长。

由于混凝土搁板承载力往往取决于植筋效果,因此,钢筋在外墙中的锚固效果成为了决定性因素。承台板的设计如图 13 和图 14 所示。

6.2.3 空调外机支架的设计,在考虑外机自重、施工荷载及风荷载等因素基础上,根据现行国家标准《房间空气调节器安装规范》GB 17790 及《钢结构设计标准》GB 50017 的规定,其支架的承载力不得低于空调外机自重的 4 倍,一般的空调室外机重量为40 kg～50 kg,故最小功率的空调其支架负载设计不得低于200 kg。根据结构的合理性,对支架的支撑杆角度应取 30°～60°。支架应为刚性支架,确保支架和外机的稳固。

6.8 窗台花架

6.8.3,6.8.4 从安全和规范的要求,对花架的外形尺寸作了严格的限制,并规定了花架在宽度小于 400 mm、深度小于 220 mm时,每米长度的设计承载力。

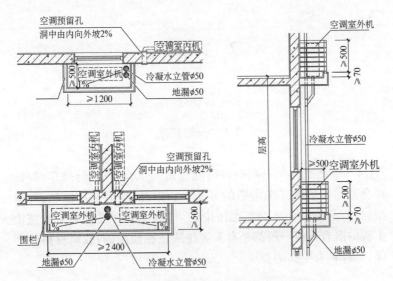

图 13 新增空调外机承台板建筑示意(mm)

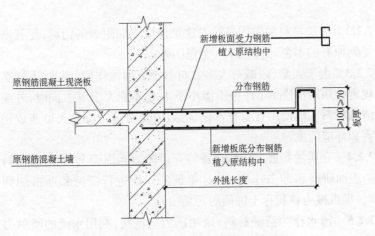

图 14 新增空调外机承台板结构示意(mm)

7 材　料

7.1　一般规定

7.1.4　整治工作是一项持续时间较短的工作,在进行操作时,往往会忽略其形成二次污染的可能性。因此,提倡采用绿色、环保型材料,从源头上减少二次污染的可能。同时,进行外立面整治工程的既有建筑一般都是有人居住或正在使用的,故对材料的环保、无毒具有更高的要求。

7.2　清洗材料

7.2.2　清洗材料的作用是除去建筑外墙表面附着的污垢,使其恢复到原有的本色,呈现干净、美观的外表。

7.2.3　由于强酸、强碱对大多数材料都有腐蚀作用,因此,本标准规定使用的清洗剂 pH 值不能小于 4,也不能大于 10。同时,外墙清洗材料不能使用有毒有害化学品,以免对施工操作人员造成伤害和环境污染。

7.2.4　介质法指通过机械设备将介质喷射到饰面上,利用研磨料的表面研磨和冲击作用,在对建筑外立面进行研磨和冲击的同时,靠机械力将积存于饰面的污垢去除。

7.2.5　清水作为清洗材料,采用压力清洗机,利用水流的喷射力量进行清洗维护。水流压力应根据外立面检查情况进行调整,应避免压力过高造成破坏。压力水流清洗有清洗效率高、成本低、对周围环境无污染、不损坏建筑物等特点,是应当首先考虑选用的清洗维护材料。

7.2.6 中性清洗剂:pH 值 6～8,能与污垢产生湿润、乳化、溶胀等作用,经水流冲洗后将饰面清洗干净。不仅适合饰面不耐酸碱的玻璃、铝、不锈钢,也适用于清洗瓷砖和光面石材上的污垢。

7.2.7 碱性清洗剂:pH 值 8～10,能与污垢起皂化和乳化反应,但如碱性太强,可能对建筑表面造成损伤。适用于清洗石灰石、大理石上的污垢。

7.2.8 酸性清洗剂:pH 值 4～6,能与饰面材料发生化学反应,生成可溶性物质,污垢失去了附着的基础,经水流冲洗后可以将饰面清洗干净。酸洗有良好的除污效果,但如酸洗不当,容易造成墙面失光、毛糙、泛黄等弊病。冲洗水可能污染水质。适用于清洗花岗石、无光和亚光面砖、棉砖上的污垢。

7.2.9 敷剂是一种液固相混合的化学粉剂,将它加水调成糊状涂在清洗的墙面上,经过一段时间后用干布、刷子或高压水将它清除,污垢即可随之清除,尤其适用于凹凸不平墙面的清洗。

7.2.10 针对不同的建筑外立面材料选择合适的冲洗介质,可以保证清洗效果,避免外墙损坏和环境污染。例如,采用石英砂或金刚砂进行湿式砂洗适用于清洗重度污染且表面粗糙及硬度较高的天然石材饰面;采用苏打粉、核桃粉进行冲洗适用于大理石饰面。

7.3 涂饰材料

7.3.1 溶剂型饰面涂料对人员和环境均有害,因此禁止使用。

7.3.2 配套外墙腻子的主要技术性能指标如表 1 所示。用于墙面砖、马赛克表面处理的腻子参考标准暂缺,但从安全角度考虑,建议控制粘接强度应不小于 0.8 MPa。

表 1　建筑外墙用腻子的技术性能指标

项目		技术指标	
		P 型	R 型
容器中状态		无结块均匀	
施工性		刮涂无障碍	
干燥时间表干(h)		≤5	
初期干燥抗裂性(6 h)		无裂纹	
打磨性		手工可打磨	
吸水量(g/10 min)		≤2	
耐碱性(48 h)		无异常	
耐水性(96 h)		无异常	
粘结强度(MPa)	标准状态	≥0.6	
	冻融循环次(5 次)	≥0.4	
动态抗开裂(mm)	基层裂缝	≥0.1,<0.3	≥0.3
低温贮存稳定性*		−5℃冷冻 4 h 无变化,刮涂无障碍	

注:* 非粉状组分需测试此项指标。

7.3.3 合成树脂乳液型外墙涂料是指由合成树脂乳液为基料与颜料、体质颜料研磨分散后加入各种助剂配制而成的外墙涂料。主要品种有苯-丙乳液、丙烯酸酯乳液、硅-丙乳液等配制的外墙涂料。其主要技术性能指标如表 2 所示。

表 2　合成树脂乳液外墙涂料的技术性能指标

项目	技术指标		
	优等品	一等品	合格品
在容器中状态	搅拌混合后呈均匀状态,无硬块		
施工性	刷涂两道无障碍		
低温稳定性	不变质		
涂膜外观	涂膜外观正常		

项目	技术指标		
	优等品	一等品	合格品
干燥时间(表干)(h)	≤2		
对比率(白色和浅色*)	≥0.93	≥0.90	≥0.87
耐水性(96 h)	无异常		
耐碱性(48 h)	无异常		
耐洗刷性(次)	≥2 000	≥1 000	≥500
耐玷污性(白色和浅色*)(%)	≤15	≤15	≤20
耐人工气候老化性/h 白色和浅色*	600 h不起泡、不剥落、无裂纹	400 h不起泡、不剥落、无裂纹	250 h不起泡、不剥落、无裂纹
粉化/级	≤1		
变色/级	≤2		
其他色	商定		
涂层耐温变性(5次循环)	无异常		

注:*浅色是指以白色涂料为主要成分,添加适量色浆后配制成的浅色涂料形成的涂膜所呈现的浅颜色,按国家标准《中国颜色体系标准》GB/T 15608—1995中第4.3.2条规定明度值为6~9(三刺激值中的 YD65≥31.26)。

7.3.4 合成树脂乳液砂壁状建筑涂料是指以合成树脂为主要粘结料,以砂料和石粉为骨料,在建筑物饰面上形成具有仿石质感涂层的涂料。其主要技术性能指标如表3所示。

表3 合成树脂乳液砂壁状建筑涂料的技术性能指标

试验类别		项目	技术指标
涂料试验		在容器中状态	经搅拌后呈均匀状态,无结块
		骨料沉降性(%)	<10
	贮存稳定性	低温贮存稳定性(3次)	无硬块、凝聚及组成物的变化
		热贮存稳定性(1个月)	无硬块、发霉、凝聚及组成物的变化

续表3

试验类别	项目	技术指标
涂层试验	干燥时间(表干)(h)	≤2
	颜色及外观	与样本相比无明显差别
	耐水性(240 h)	涂层无裂纹、起泡、剥落,无软化物析出,与未浸泡部分相比,颜色、色泽允许有轻微变化
	耐碱性(240 h)	
	耐洗刷性(1 000 次)	涂层无变化
	耐冻融循环性(10 次循环)	涂层无裂纹、起泡、剥落,与未试验试板相比,颜色、色泽允许有轻微变化
	粘结强度(MPa)	≥0.69
	人工加速老化性(500 h变色)(级)	涂层无裂纹、起泡、剥落、粉化 <2

7.3.5 乳液型弹性外墙涂料是指以具有弹性的乳液为基料配置的外墙涂料,其漆膜具有弹性和优良的延伸率,能起到遮盖基层细微裂缝,防止雨水渗漏等保护墙面的作用。其主要技术性能指标如表4所示。

表 4 乳液型弹性外墙涂料的技术性能指标

项目	技术指标
在容器中状态	搅拌混合后无硬块,呈均匀状态
施工性	刷涂无障碍
涂膜外观	正常
干燥时间(表干)(h)	≤2
对比率(白色和浅色)	≥0.90
低温稳定性	不变质
耐洗刷性(次)	≥2 000
耐水性(96 h)	无异常

项目		技术指标
耐碱性(48 h)		无异常
涂层耐温变性(5 次循环)		无异常
耐玷污性(5 次)(白色或浅色)(%)		≤30
人工加速老化性(白色和浅色)		400 h 无起泡、裂纹、剥落,粉化≤1 级,变色≤2 级
拉伸强度(MPa)	标准状态下	≥1.0
断裂伸长率(%)	标准状态下	≥200
	−10℃	≥40
	热处理	≥100

7.3.6 涂装材料的底漆和面漆应相互匹配,应优先选用环保性、高耐候性的产品,并应符合设计要求和国家现行有关标准的规定。使用产品应具有产品名称、类型、执行标准、生产日期、保质期及出厂合格证等。

7.3.7 聚合物水泥防水涂料是指以丙烯酸酯、乙烯-乙酸乙烯酯等聚合物乳液和水泥为主要原料,加入填料及其他助剂配制而成,经水分挥发和水泥水化反应固化成膜的双组分水性防水涂料。其主要技术性能指标如表5所示。

表 5 聚合物水泥防水涂料的技术性能指标

项目		技术指标		
		Ⅰ型	Ⅱ型	Ⅲ型
固体含量(%)		≥70	≥70	≥70
拉伸强度	无处理(MPa)	≥1.2	≥1.8	≥1.8
	加热处理后保持率(%)	≥80	≥80	≥80
	碱处理后保持率(%)	≥60	≥70	≥70
	浸水处理后保持率(%)	≥60	≥70	≥70
	紫外线处理后保持率(%)	≥80	—	—

项目		技术指标		
		Ⅰ型	Ⅱ型	Ⅲ型
断裂伸长率	无处理(%)	≥200	≥80	≥30
	加热处理(%)	≥150	≥65	≥20
	碱处理(%)	≥150	≥65	≥20
	浸水处理(%)	≥150	≥65	≥20
	紫外线处理(%)	≥150	—	—
低温柔性(φ10 mm棒)		−10℃无裂纹	—	—
粘接强度	无处理(MPa)	≥0.5	≥0.7	≥1.0
	潮湿基层(MPa)	≥0.5	≥0.7	≥1.0
	碱处理(MPa)	≥0.5	≥0.7	≥1.0
	浸水处理(MPa)	≥0.5	≥0.7	≥1.0
不透水性(0.3 MPa,30 min)		不透水		
抗渗性(背水面)(MPa)		—	≥0.6	≥0.8

7.3.8 外墙涂饰工程中配套使用的底涂层,其主要技术性能指标如表6所示。

表 6 建筑外墙用底漆的技术性能指标

项目	技术指标	
	Ⅰ型	Ⅱ型
容器中状态	无硬块,搅拌后呈均匀状态	
施工性	刷涂无障碍	
低温稳定性ª	不变质	
涂膜外观	正常	
干燥时间(表干)(h)	≤2	
耐水性(96 h)	无异常	
耐碱性(48 h)	无异常	

续表6

项目	技术指标	
	Ⅰ型	Ⅱ型
附着力(级)	≤1	≤2
透水性(mL)	≤0.3	≤0.5
抗泛碱性	72 h 无异常	48 h 无异常
抗盐析性	144 h 无异常	72 h 无异常
有害物质限量^b	—	
面涂适应性	商定	

注:a 水性底漆测试无此项内容。
　　b 水性内墙底漆符合现行国家标准《建筑用墙面涂料中有害物质限量》
　　　GB 18582 的技术要求;溶剂型内墙底漆符合现行国家标准《民用建筑工程
　　　室内环境污染控制标准》GB 50325 的技术要求。

7.4　结构材料

7.4.2　焊接材料的选用对保证建筑外立面附加设施的结构可靠尤为重要,为确保焊接质量,选用的手工焊接焊条及二氧化碳气体保护焊用的焊丝,应符合国家现行相关标准的规定。选用的焊条应与主体金属强度相匹配。

7.4.3　对外立面整治中涉及承重结构所采用金属材料的具体规定如下:

1　采用的钢材应符合现行国家标准《碳素结构钢》GB/T 700、《低合金高强度结构钢》GB/T 1591、《连续热镀锌钢板及钢带》GB/T 2518 和《建筑用压型钢板》GB/T 12755 等的有关规定。

2　采用的不锈钢材料应符合现行行业标准《装饰用焊接不锈钢管》YB/T 5363 和现行国家标准《不锈钢冷轧钢板和钢带》GB/T 3280 的规定。

3　采用的铝及铝合金热挤压型材应符合现行国家标准

《一般工业用铝及铝合金板、带材》GB/T 3880.1~GB/T 3880.3 和《一般工业用铝及铝合金挤压型材》GB/T 6892 的规定。

7.5 连接件材料

7.5.2 紧固件的作用是固定附加设施与外立面的连接,确保整个设施的稳定、牢固。因此,选用的紧固件的机械性能必须符合国家现行相关标准的规定。钢结构连接用 4.6 级与 4.8 级普通螺栓(C 级螺栓)及 5.6 级与 8.8 级普通螺栓(A 级或 B 级螺栓),其质量应符合现行国家标准《紧固件机械性能 螺栓、螺钉和螺柱》GB/T 3098.1 和《紧固件公差 螺栓、螺钉、螺柱和螺母》GB/T 3103.1 的规定;C 级螺栓与 A 级、B 级螺栓的规格和尺寸应分别符合现行国家标准《六角头螺栓 C 级》GB/T 5780 和《六角头螺栓》GB/T 5782 的规定;连接用铆钉应采用 BL2 或 BL3 号钢制成,其质量应符合行业标准《标准件用碳素钢热轧圆钢及盘条》YB/T 4155—2006 的规定;连接薄钢板或其他金属板采用的自攻螺钉应符合现行国家标准《开槽盘头自攻螺钉》GB/T 5282、《开槽沉头自攻螺钉》GB/T 5283、《开槽半沉头自攻螺钉》GB/T 5284、《六角头自攻螺钉》GB/T 5285、《紧固件机械性能 自钻自攻螺钉》GB/T 3098.11、《十字槽盘头自钻自攻螺钉》GB/T 15856.1、《十字槽沉头自钻自攻螺钉》GB/T 15856.2、《十字槽半沉头自钻自攻螺钉》GB/T 15856.3、《六角法兰面自钻自攻螺钉》GB/T 15856.4、《六角凸缘自钻自攻螺钉》GB/T 15856.5 的规定;钉的材料性能应符合现行行业标准《一般用途圆钢钉》YB/T 5002 的有关规定;膨胀螺栓及锚栓的材质宜为碳素钢、合金钢、不锈钢或高抗腐不锈钢,应根据环境条件及耐久性要求选用。